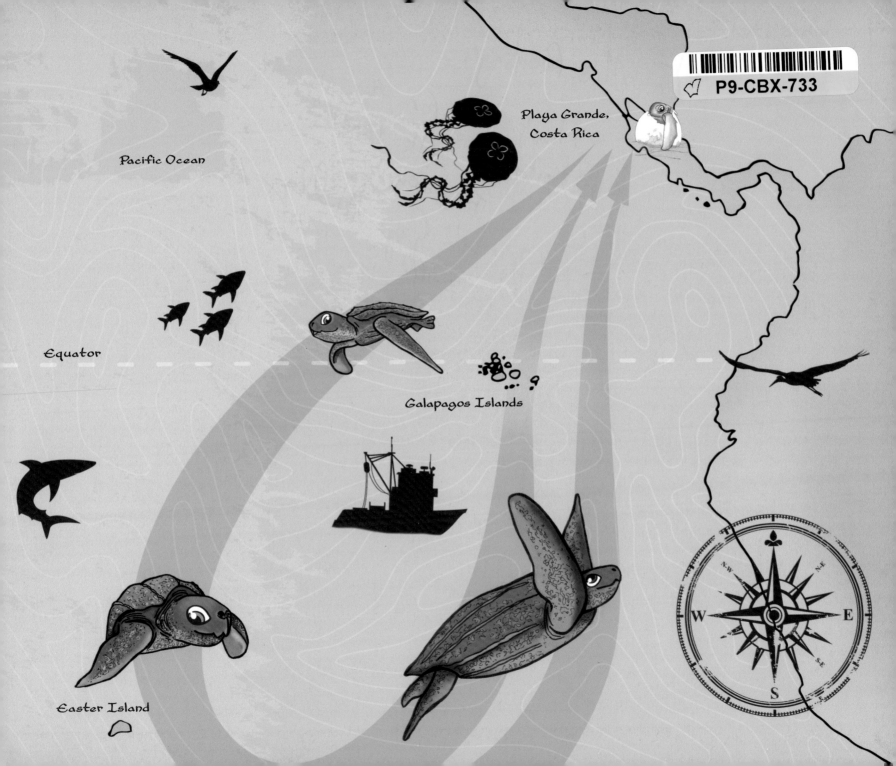

Pacific Ocean

Playa Grande,
Costa Rica

Equator

Galapagos Islands

Easter Island

5130119

To Mrs. Reding,

Thank you for the
opportunity to "talk turtles"!
Flippersup!

Guy Mulley

The Grande Turtle Adventure

By Helen Bailey, Ph.D. and George L. Shillinger, Ph.D.
Illustrated by Tracy Dorsey
Spanish translation by Susana Chanfón Kung
© The Leatherback Trust

Distributed by the Leatherback Trust, a non-profit organization dedicated to saving the leatherback turtle.
www.leatherback.org

LAS AVENTURAS DE LAS TORTUGAS BAULAS

Texto de la Dra. Helen Bailey y del Dr. George Shillinger
Ilustraciones de Tracy Dorsey
Traducción al español de Susana Chanfón Kung
© The Leatherback Trust

Distribuido por The Leatherback Trust, una organización sin fines de lucro dedicada al rescate de las tortugas baulas.
www.leatherback.org/es

On a tropical beach, one warm, starry night
Where the waves crash ashore bright, foamy and white
The soft, yellow sand gently sinks and shakes -
The hatchlings emerge as dawn breaks.

En una hermosa playa tropical, una cálida noche de estrellas
En la orilla en que rompen brillantes, las olas de blanca espuma
Poco a poco la suave arena, de color ocre, se sumerge y sacude
Y al nacer el Sol, unas tortuguitas emergen del nido.

Two tiny sea turtles named Laurie and Tica
Leatherbacks hatched on Playa Grande, Costa Rica.
Flippers wildly flapping, they scoot across the sand
There's danger all around while they're still on land

Ghost crabs try to attack with their claws.
Dogs run barking and snap with their jaws.
Birds are circling and swoop down towards Laurie
She must reach the water – or it's the end of the story!

Son dos bebés de tortuga marina llamadas Tica y Laurita
Baulitas que allá en Playa Grande, en Costa Rica, rompieron su cascarón.
Aletean desenfrenadas, arrastrándose por la arena
Las acechan tantos peligros, si están en el suelo.

Con sus pinzas las atacan los cangrejos de arena.
Ladran y corren los perros que con su hocico, quieren morder.
Hay pájaros dándoles vueltas y que en picada bajan, sobre Laurita
El agua pronto debe alcanzarlas – o ha llegado ¡el final de esta historia!

The shoreline is gleaming from the moon's soft light
It shows the hatchlings which direction is right.
They enter the waves without a doubt
Avoiding hungry fish, they bravely paddle out.

Two little leatherbacks swim far out to sea
Laurie spots food and says, "Come follow me!"
Jellyfish abound in this part of the ocean
The eddies trap food in their swift, swirling motion.

El suave reflejo de la luz de la Luna, el borde del mar ilumina
Y así va mostrando a las tortuguitas, el camino correcto a seguir.
A las olas del mar, sin dudarlo se meten
Esquivando a los peces hambrientos, se alejan valientes.

Ambas baulitas se adentran, nadando muy lejos al mar
Laurita divisa comida y propone: "Vamos, ¿me sigues?"
Por aquí en el océano, las medusas abundan
Pues al girar tan veloces, los remolinos la comida retienen.

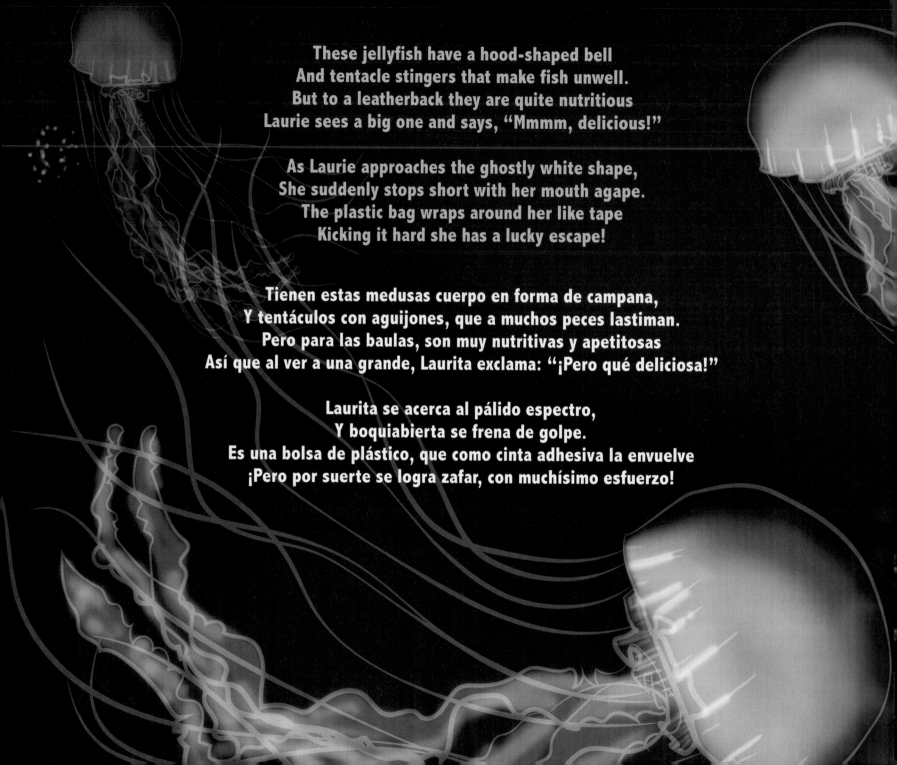

These jellyfish have a hood-shaped bell
And tentacle stingers that make fish unwell.
But to a leatherback they are quite nutritious
Laurie sees a big one and says, "Mmmm, delicious!"

As Laurie approaches the ghostly white shape,
She suddenly stops short with her mouth agape.
The plastic bag wraps around her like tape
Kicking it hard she has a lucky escape!

Tienen estas medusas cuerpo en forma de campana,
Y tentáculos con aguijones, que a muchos peces lastiman.
Pero para las baulas, son muy nutritivas y apetitosas
Así que al ver a una grande, Laurita exclama: "¡Pero qué deliciosa!"

Laurita se acerca al pálido espectro,
Y boquiabierta se frena de golpe.
Es una bolsa de plástico, que como cinta adhesiva la envuelve
¡Pero por suerte se logra zafar, con muchísimo esfuerzo!

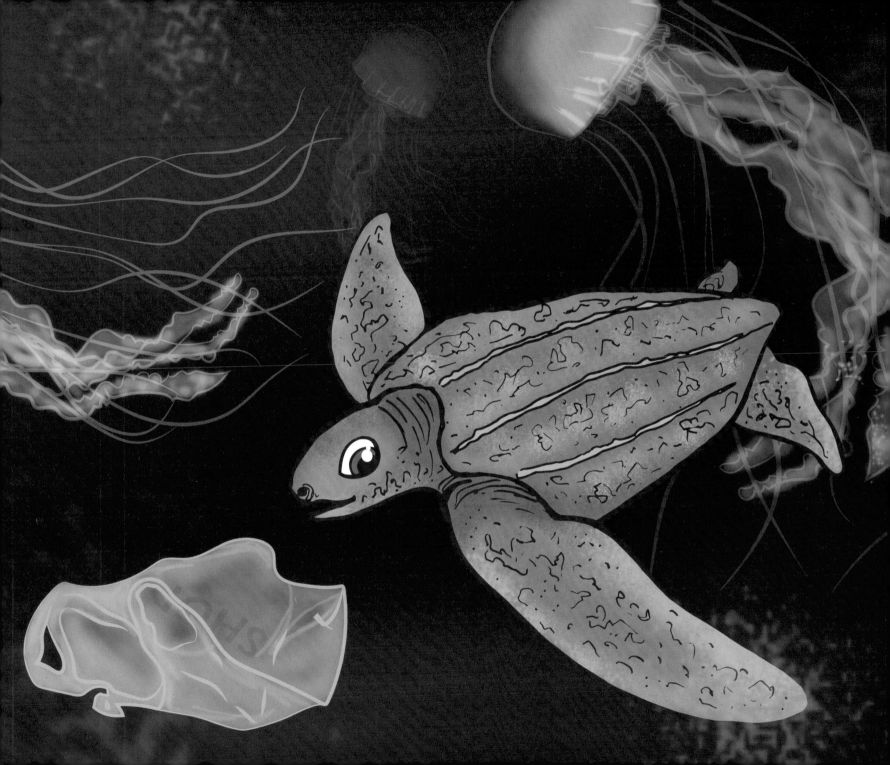

Laurie and Tica grow bigger and bigger.
They swim through the ocean with strength and vigor.
Then suddenly Tica feels something sharp nip her,
"Ouch!" a fishing hook's caught in her flipper!

Tica is struggling and gives her flipper a shake
She twists and she turns, but the line doesn't break.
She needs to breathe and gasps for air.
Not much time, will she make it there?

Laurie swims to Tica, and sees others in need.
Birds, sharks and tuna call out to be freed.
They're stuck on the hooks and beginning to tire.
But Tica is hopeful as the line rises higher.

Tica y Laurita crecen y crecen.
Por el océano siguen nadando, con fortaleza y vigor.
Hasta que un día, Tica percibe que algo afilado la ha sujetado,
"¡Ay!" ¡el anzuelo de un pescador en su aleta se ha enganchado!

Tica batalla y sacude su aleta
Se retuerce y da vueltas, mas no se rompe ese hilo de pesca.
Está sin fuerzas y respirar necesita.
No hay mucho tiempo, ¿será que lo logra?

Laurita nada hacia Tica y descubre a otros, que sufren también.
Están atrapados en los anzuelos y claman por ser liberados.
Son aves, tiburones y atunes, que se están agotando.
De repente Tica se anima cuando el hilo de pesca se mueve hacia arriba.

Poor little Tica is pulled from the water
She lands on the boat deck on her hindquarter.
Unhooked from the line, now she can breathe
She's thrown overboard with a big heave.

Relief, relief to be back in the wet,
But she's tired and hurt and very upset.
Looking around she finds she's alone
Her flipper is hurting, she lets out a moan.

¡Pobre de Tica! La sacan del agua
Y patas pa'rriba, en la cubierta del barco aterriza.
El anzuelo le quitan y respira aliviada.
Acto seguido, la avientan sin miramientos al mar por la borda.

¡Qué gran alivio al agua poder regresar!
Aunque se encuentra agotada, enojada y muy malherida.
Busca a su alrededor y descubre que sola ha quedado
Su aleta le duele y la pobre se queja.

But little Tica thinks, "I must go on!"
Time to be brave, time to be strong.
Southwards she swims through the Costa Rica Dome,
This magical place where dolphins roam.

Mas Tica entiende que debe seguir.
Es hora de ser valiente, hora de ser muy fuerte.
Nada hacia el sur por el Domo de Costa Rica
Este lugar lleno de magia, donde hay tantos delfines.

She navigates around the Galapagos fast
Into the South Pacific, an ocean so vast.
Giant stone sculptures along the coast
Passing Easter Island, her next signpost.

Por las islas Galápagos pasa con rapidez
Hacia el Pacífico Sur, de aguas tan vastas.
Esculturas gigantes bordean la costa
Su siguiente punto del recorrido: La Isla de Pascua.

PACIFIC OCEAN

COSTA RICA

PANAMA

COLOMBIA

GALAPAGOS ISLANDS

ECUADOR

EASTER ISLAND

In the Humboldt Current now Tica turns east
It's rich in jellyfish, a leatherback feast.
This current is cooler and closer to shore
It's a journey her parents have made before.

Many turtles are feeding, the habitat's good
They're eating as much as a leatherback should.
Tica is wary of odd-looking floats
She's wisely learned to avoid fishing boats.

The years pass by, Tica's swimming alone
Eating jellyfish – my how she's grown!
Time to go back to where it all started,
Where she was born and where she departed.

Tica se integra a la corriente de Humboldt, girando hacia el este
Rica en muchas medusas, festín de las baulas.
Esta corriente es más fría y cercana a la costa
Se trata del mismo viaje, que muchas veces sus padres hicieron también.

Es un muy buen lugar para que las tortugas se puedan alimentar
Y coman tanto como les corresponde a las baulas.
Aunque Tica se cuida de aquellos extraños objetos flotantes
Y además ha aprendido a mantenerse alejada de los barcos pesqueros.

Pasan los años y Tica nadando, sigue solita
Comiendo medusas – ¡cómo ha crecido!
Es tiempo de regresar a donde nació,
Asi que nadando con ganas, llega ahi antes del alba.

Playa Grande changed while Tica was away
More people arrived with each passing day.
Hotels nearby flood the beach with light.
Tica is worried, but confronts her fright.

Tica waits for the tide to rise
Helping her move with her big size.
She feels heavy upon the land,
But then spots Laurie on the sand!

En ausencia de Tica, Playa Grande ha cambiado
Pues día con día, más gente ha llegado.
Con mucha luz los hoteles cercanos invaden la playa.
Tica se inquieta, pero enfrenta su miedo.

Tica aguarda a que la marea vaya subiendo
Para que le ayude a moverse, ya que es tan grande.
En tierra firme, muy pesada se siente
Pero entonces ¡descubre en la arena a Laurita!

The long lost friends are together at last!
Happy to be back after all that has passed.
Slowly they move along their home beach,
A dry, warm nesting place they must reach.

High on the beach the turtles lay their nests,
Covering them with care, as a mother knows best.
They return to the sea for ten days to recover,
Then back to Playa Grande to lay yet another.

¡Las dos amigas por fin están juntas de nuevo!
Felices de estar de regreso después de todo lo que ha pasado.
Despacio se mueven por su playa de origen
Buscando para la anidación, un buen lugar: cálido y seco.

Muy adentro en la playa, ambas tortugas en sus nidos desovan,
Cubriéndolos, como las madres lo hacen muy bien.
Regresan al mar a recuperarse, por unos diez días,
Y luego retornan a Playa Grande y de nuevo se ponen a desovar.

Over three months, they each lay eight nests
They swim in the shallows during their rests.
At the end of the season, they leave the coast.
They'll meet again at the beach they love most!

Durante tres meses, son ocho los nidos que pone cada tortuga.
En las aguas cercanas y poco profundas, descansan nadando.
Al final de la temporada, de la costa se marchan.
Aunque volverán, para encontrarse aquí en esta playa, ¡su favorita!

How you can help:

1) **Reduce, re-use, recycle. Plastic and other trash can hurt turtles because they think it is food. Try to reduce the amount of plastic you use, re-use shopping bags, and recycle any waste.**
2) **Skip the straw! Try not to use plastic straws or utensils because sea animals can get injured by choking on them.**
3) **Clean up your beach. Pick up any trash on the beach.**
4) **Avoid releasing balloons into the air. Once deflated, they can end up in the ocean. Turtles can get hurt eating balloons or become tangled in the strings.**
5) **Turn out lights and close curtains near the beach. Lights can confuse nesting turtles and hatchlings.**
6) **Tell your friends what you have learned about turtles and how to protect them.**

¿Cómo puedes ayudar?

1) **Reduce, reusa, recicla. La basura de plástico puede lastimar a las tortugas porque creen que es comida. Trata de reducir la cantidad de objetos de plástico que usas, reutiliza las bolsas de plástico de las compras y recicla cualquier desecho.**
2) **Evita las pajillas! No uses pajillas ni tampoco cubiertos de plástico porque pueden malherir a los animales marinos al atragantarse con ellos.**
3) **Mantén limpias las playas. Recoge siempre la basura de las playas.**
4) **Evita dejar volar los globos al cielo. Una vez desinflados, sus restos pueden terminar en el océano. Las tortugas se pueden lastimar al ingerir los globos o al enredarse en los hilos del globo.**
5) **Apaga las luces y cierra las cortinas si estás cerca de la playa. Las luces pueden desorientar a las tortugas que van a desovar y a las crías recién salidas de su cascarón.**
6) **Habla con tus amigos sobre lo que haz aprendido de las tortugas y cómo poder protegerlas.**

Leatherback turtles

The leatherback is the largest turtle in the world. The biggest leatherback ever recorded was over 8 feet (2.5 meters) long and weighed over 2,000 pounds (916 kilograms), which is nearly as heavy as a small car! The leatherback turtle is the deepest diving reptile and can dive down to over 3,000 feet (1,000 meters). They mainly eat jellyfish and often travel long distances from their nesting beach to reach the feeding grounds. Unlike other sea turtles, the leatherback does not have a hard shell. East Pacific leatherbacks have declined more than 97% in recent decades, primarily caused by harvest of eggs and bycatch in fisheries. East Pacific leatherbacks are so rare that they are now designated as Critically Endangered.

Las tortugas baulas

La baula es la tortuga más grande del mundo. La mayor tortuga baula de la que se tiene registro medía más de 2.5 metros de longitud y pesaba más de 916 kilogramos, lo que equivale casi al peso de un carro pequeño. La tortuga baula es el reptil que puede sumergirse a mayores profundidades, es decir a más de mil metros. Se alimenta principalmente de medusas y viaja grandes distancias desde la playa en que nació para llegar a zonas apropiadas para su alimentación. A diferencia de otras tortugas marinas, las baulas no poseen un caparazón duro. Las tortugas baulas del Pacífico Oriental han disminuido en un 97% en décadas recientes, principalmente por la recolecta excesiva de sus huevos y la captura incidental derivada de la pesca. Las tortugas baulas del Pacífico Oriental ya son tan escasas que se les ha declarado una especie en peligro crítico de extinción.

The Leatherback Trust

The Leatherback Trust is an international non-profit conservation organization that protects leatherbacks and other sea turtles from extinction. The organization is run by a dedicated team of researchers and conservationists advancing sound science and protecting turtles through respectful, collaborative actions. Turtle biologists Dr. James Spotila and Dr. Frank Paladino founded The Leatherback Trust to engage local communities in protecting turtle nesting beaches. The Leatherback Trust helped to establish Las Baulas National Park at Playa Grande to protect this nesting beach for leatherback turtles. As Executive Director, Dr. George Shillinger continues this mission and is also working to reduce threats to sea turtles in the ocean. This book includes findings by a team of scientists led by George Shillinger from the research project called "The Lost Years". This project aims to improve our understanding of the movements of young turtles after they leave the nesting beach until they return as adults, which can take up to 25 years.

For more information, please see The Leatherback Trust website: www.leatherback.org

The Leatherback Trust

The Leatherback Trust es una organización internacional sin fines de lucro dedicada al rescate de las baulas y otras tortugas marinas con el fin de evitar su extinción. Forman parte de la organización un equipo de investigadores y conservacionistas que promueven sólidos conocimientos científicos y la colaboración respetuosa en acciones que protejan a las tortugas. Los biólogos especialistas en tortugas el Dr. James Spotila y el Dr. Frank Paladino establecieron The Leatherback Trust con el fin de involucrar a las poblaciones locales en el cuidado de las playas de anidación de la tortuga baula. The Leatherback Trust fue determinante en la apertura del Parque Nacional Marino Las Baulas en Playa Grande, Costa Rica, que protege esta playa de anidación de la tortuga baula. Como Director Ejecutivo, el Dr. George Shillinger prosigue con esta misión y además trabaja para reducir las amenazas a las tortugas marinas en el océano. Este libro incluye algunos de los resultados del proyecto de investigación llamado "Los Años Perdidos", obtenidos por el equipo de científicos liderados por el Dr. George Shillinger. Este proyecto busca aumentar nuestros conocimientos sobre la migración de las crías de tortuga desde que parten de la playa en que nacieron hasta su retorno como adultas, que puede ser hasta 25 años después.

Para mayores informes, favor de consultar la página web de The Leatherback Trust: www.leatherback.org/es

About the authors

Helen Bailey, Ph.D., is a Research Associate Professor at the Chesapeake Biological Laboratory, University of Maryland Center for Environmental Science (www.umces.edu). Her research focuses on the movements of large predators in the ocean, including sea turtles and marine mammals. Dr. Bailey has a Ph.D. in Biological Sciences from the University of Aberdeen, U.K., an M.Sc. in Oceanography from the University of Southampton, U.K., and a B.A. (Hons) in Biological Sciences from the University of Oxford, U.K. Helen lives in Alexandria, Virginia, with her husband and two young daughters and loves reading them stories about wildlife.

George Shillinger, Ph.D., is the Executive Director of The Leatherback Trust (www.leatherback.org). George has worked in environmental conservation since 1986. His research interests include satellite-tracking studies on pelagic species, including marine turtles, billfish, sharks, and tuna. He is co-founder of the Great Turtle Race, which uses tracking data from satellite-tagged sea turtles to raise global awareness and funds for the management and conservation of critically endangered leatherbacks. Dr. Shillinger holds a Ph.D. in Marine Biology from Stanford University, an MBA from the Yale University School of Management, an M.S. in Ecology and Evolutionary Biology from Stanford University, and a B.A. in the Biological Basis of Behavior from the University of Pennsylvania. George lives in Monterey, California, where he enjoys spending time outdoors with his wife, daughter, twin boys, and Labrador retriever Elsa.

About the illustrator

Tracy Dorsey is the Graphic Design Director of Design Lab 443, www.designlab443.com. Her work includes brand identity, packaging design, web design and marketing materials. Tracy skillfully merges hand drawn illustrations and computer skills to create unique works of art. Tracy lives in St. Louis, Missouri, and enjoys making creative projects with her husband and two daughters.

About the translator

Susana Chanfón Kung is a Swiss-Mexican proofreader and translator experienced in translating from German, French, and English into Spanish. Her global insight is shared by her family, as her four children currently live, study, and play water polo in different countries around the world. Susana resides in Mexico City with her husband and enjoys translating for a cause.

Cubierta Interior

La Dra. Helen Bailey es Profesora Adjunta e Investigadora del Laboratorio de Chesapeake en el Centro de Ciencias Medioambientales de la Universidad de Maryland en Estados Unidos (www.umces.edu). Sus investigaciones se centran en los movimientos de los grandes predadores del océano, incluyendo tortugas y mamíferos marinos. La Dra. Bailey cuenta con un doctorado en Ciencias Biológicas por la Universidad de Aberdeen, una maestría en Ciencias en Oceanografía por la Universidad de Southampton, así como una licenciatura con mención honorífica en Biología por la Universidad de Oxford en el Reino Unido. Helen vive en Estados Unidos en Alexandria, Virginia, junto con su esposo y dos hijas pequeñas a quienes disfruta leer historia sobre la vida silvestre.

El Dr. George Shillinger es el Director Ejecutivo de The Leatherback Trust (www. leatherback.org). Se ha dedicado a la conservación del medio ambiente desde 1986. Entre sus principales áreas de investigación están los estudios de rastreo satelital de especies pelágicas, tales como las tortugas marinas, los peces vela, los tiburones y atunes. Es cofundador de la Carrera por la Gran Tortuga que usa datos de seguimiento de tortugas marinas con transmisores satelitales para recabar fondos y despertar la consciencia mundial sobre el manejo y conservación de tortugas baulas en peligro crítico de extinción. El Dr. Shillinger estudió una licenciatura en Bases Biológicas del Comportamiento en la Universidad de Pennsylvania, obtuvo una maestría en Ciencias con especialidad en Ecología y Biología Evolutiva y un doctorado en Biología Marina por la Universidad de Stanford, así como una maestría en Administración de Empresas por la Escuela de Negocios de la Universidad de Yale en Estados Unidos. George vive en Monterey, California, donde le gusta pasar tiempo con su esposa, su hija, sus hijos gemelos y Elsa, su perra Labrador.

Acerca de la ilustradora:

Tracy Dorsey es la Directora Gráfica del despacho Design Lab 443, (www.designlab443. com). Su trabajo incluye la creación de logotipos, diseño de empaques, páginas web y material publicitario. Tracy es muy talentosa para compaginar sus dibujos hechos a mano con sus habilidades informáticas para crear obras de arte muy originales. Tracy vive en Saint Louis, Missouri y le encanta idear proyectos creativos con su esposo y sus dos hijas.

Acerca de la traductora:

Susana Chanfón Kung es suizo-mexicana, correctora de estilo y traductora del alemán, francés e inglés al español. Comparte una visión global con su familia, ya que sus cuatro hijos viven, estudian y juegan polo acuático en diferentes lugares del mundo. Susana vive con su esposo en la ciudad de México y disfruta hacer traducciones con causa.